Jens Ender

Alfred Wegener und die Theorie der Kontinentalverschiebung

Unterrichtsentwurf zum 2. Staatsexamen Hessen G8 Gym

GRIN Verlag

Bibliografische Information der Deutschen Nationalbibliothek:

Die Deutsche Bibliothek verzeichnet diese Publikation in der Deutschen National-
bibliografie; detaillierte bibliografische Daten sind im Internet über http://dnb.d-
nb.de/ abrufbar.

Impressum:

Copyright © 2009 GRIN Verlag, Open Publishing GmbH
Druck und Bindung: Books on Demand GmbH, Norderstedt Germany
ISBN: 978-3-640-75152-5

Dieses Buch bei GRIN:

http://www.grin.com/de/e-book/160611/alfred-wegener-und-die-theorie-der-kon-
tinentalverschiebung

Studienseminar für Gymnasien in Heppenheim

Studienreferendar: Jens Ender

Fächer: Erdkunde und Sport

Ausbildungsschule: xxx

Prüfungssemester

Unterrichtsentwurf

zur

Examenslehrprobe im Fach Erdkunde

Thema der Unterrichtsreihe:

Endogene und Exogene Prozesse als Formengestalter der Erdoberfläche

Thema der Unterrichtsstunde:

Alfred Wegener und die Theorie der Kontinentalverschiebung

Datum:	Dienstag, 24.11.2009
Zeit:	4. Stunde, 10:35 Uhr – 11:20 Uhr
Klasse:	8e
Raum:	204

Seminarleiter:

Prüfungsvorsitzender:

Fachprüfer Erdkunde:

Fachprüferin Sport:

Schulleiterin:

Gäste:

1. Bedingungsanalyse

Die Klasse 8e setzt sich aus 29 Schülerinnen und Schülern[1], 16 Mädchen und 13 Jungen zusammen. Ich unterrichte die Klasse seit Schuljahresbeginn eigenverantwortlich im Fach Erdkunde.

Da es keinen Fachraum für das Fach Erdkunde an unserer Schule gibt, müssen alle notwendigen Materialien wie z.B. Karten und Atlanten vom Lehrer mitgebracht werden. Somit bringe ich alle Materialien für die heutige Lerntheke mit.

Der Unterricht findet mittwochs in der zweiten und freitags in der sechsten Stunde statt. Es ist ein deutliches Leistungsgefälle zwischen diesen beiden Stunden zu erkennen. Dies spiegelt sich in der Konzentration der Schüler, der aktiven Mitarbeit und dem Schülerverhalten wieder. In den Freitagsstunden bedarf es daher einer höheren Motivation und Lenkung durch den Lehrer als in den Mittwochsstunden, bei denen die Selbstständigkeit, die Motivation und das Engagement der Schüler ein höheres Niveau hat. Somit liegt es an meiner Planung, komplexere Sachverhalte in die Mittwochstunden zu legen.

Aufgrund meiner Beobachtungen und der Ergebnisse einzelner schriftlichen Aufgaben lässt sich ein leistungsheterogenes Bild der Klasse zeichnen. Zu den Leistungsträgern der Klasse zählen ███ ███ ███ ███ W., ███ und ███ Diese Schüler zeichnen sich durch eine schnelle Auffassungsgabe, hohe Motivation und Selbstständigkeit aus. Es ist für sie einfach, neue und komplexe Sachverhalte zu durchdringen und mit ihrem vorhandenen Wissen zu verknüpfen. Dies zeigte sich besonders in der Bearbeitung der vorangegangen Thematik, den Wechselbeziehungen zwischen Klima und Vegetation am Beispiel der Tropen. Als weniger leistungsstark sind ███ ███ und ███ einzustufen. Sie wirken oft unmotiviert und versuchen, ihre Mitschüler durch Gespräche abzulenken. Sie sind jedoch nicht als leistungsschwach einzustufen, da sich ihre schriftlichen Leistungen mit denen anderer Schüler vergleichen lassen. Dem Problem der Leistungsheterogenität versuche ich durch geeignete Methoden zu begegnen (vgl. methodische Analyse).

Am deutlichsten wird die Leistungsheterogenität in der Quantität und Qualität der mündlichen Beiträge sichtbar. Hier obliegt es mir die Beteiligung der Schüler zu streuen und auch die Schüler aufzurufen, die sich nicht freiwillig melden oder sich durch die Leistungsträger der Klasse dominiert fühlen.

An dieser Stelle soll auf zwei Schüler genauer eingegangen werden. ███ lebt seit einendhalb Jahren in Deutschland und musste in dieser Zeit die deutsche Sprache komplett neu erlernen. In dieser kurzen Zeit hat er es geschafft, fast fließend deutsch zu sprechen. Seine

---

[1] Im Folgenden soll der Begriff „Schüler" wertneutral für beide Geschlechter verwendet werden.

mündliche Beteiligung am Unterricht schwankt recht stark zwischen den einzelnen Themen und bedarf einer gezielten Förderung.

███ ist an Sklerodermie erkrankt und wird dadurch stark in seinen Aktivitäten eingeschränkt. Dies äußert sich durch Kopfschmerzen, verminderte Ausdauer bzw. Kontinuität in der Leistungsfähigkeit, Probleme mit dem kurz- und mittelfristigen Gedächtnis, aber auch in der psychischen Belastungsfähigkeit. Auf Grundlage des Erlasses zum ‚Nachteilsausgleich für Menschen mit Behinderungen bei Prüfungen und Leistungsnachweisen' vom 19. Dezember 1995 erfolgt bei ███ eine stärkere Gewichtung der mündlichen Leistung. Dies verlangt eine stärkere mündliche Beteiligung am Unterricht, welche sich in den Gesprächsphasen niederschlägt.

In der bisherigen gemeinsamen Unterrichtszeit konnte ich mich davon überzeugen, dass die Schüler bereits ein vielfältiges methodisches Vorwissen besitzen. So sind Gruppenpuzzle, Präsentationen und Referate keine unbekannten Methoden für sie.

Da das Unterrichtsklima von gegenseitigem Respekt und Offenheit geprägt ist, bereitet mir das Unterrichten in der Klasse viel Freude.

2. Einordnung der Stunde in die Unterrichtsreihe

Stunde	Thema	Methode
1	Endogene & Exogene Prozesse im Vergleich	Gruppenarbeit
2	Die Erde – Ein Pfirsich (Schalenbau der Erde)	Partnerarbeit
3	**Alfred Wegener und die Plattentektonik**	**Lerntheke**
4	Vulkanismus im Kontext der Plattentektonik I	arbeitsteilige Gruppenarbeit
5	Vulkanismus im Kontext der Plattentektonik II	arbeitsteilige Gruppenarbeit
6	Gesteinskreislauf	Partnerarbeit
7	Verwitterungsprozesse im Experiment	Schülerexperimente
8	Formengestaltung durch fluviale Prozesse	Gruppenpuzzle
9	Wasserkreislauf	Partnerarbeit
10	Lernkontrolle	

3. Sachanalyse

„Alles Schiebung, Fieberfantasien, Märchenerzähler..." (CASPARITZ & PAULY 2008:12). Dies musste sich ALFRED WEGENER, ein Meteorologe, auf der Jahresversammlung der ‚Geologischen Vereinigung' am 6.1.1912 in Frankfurt am Main anhören, als er seine Theorie der Kontinentalverschiebung zum ersten Mal öffentlich vorstellte.

Durch eingehende Untersuchungen konnte WEGENER feststellen und auch beweisen, dass die Kontinente früher, vor ca. 250 Mio. Jahren, zusammenhingen. Als Beweise für seine Theorie führte er den Aufbau und das gleiche Alter der Westküste Afrikas und der Ostküste Südamerikas, gleichartige Tier- und Pflanzenfossilienfunde in Südamerika und Afrika, sowie Steinkohlefunde in der Antarktis an. Jedoch fehlte WEGENER eine schlüssige Erklärung für den Kontinentaldrift. „Wegen ihrer geophysikalisch unzureichend erscheinenden Begründung war die Theorie [der Kontinentalverschiebung] lange Zeit umstritten, hat jedoch durch die Entdeckung des Sea Floor Spreading [in den 1960iger] und die Entwicklung der Theorie der Plattentektonik eine grundsätzliche, wenn auch in vielem veränderte, Bestätigung gefunden (DIETZ & HOLDEN 1970:o.A. in AHNERT 1999:50).

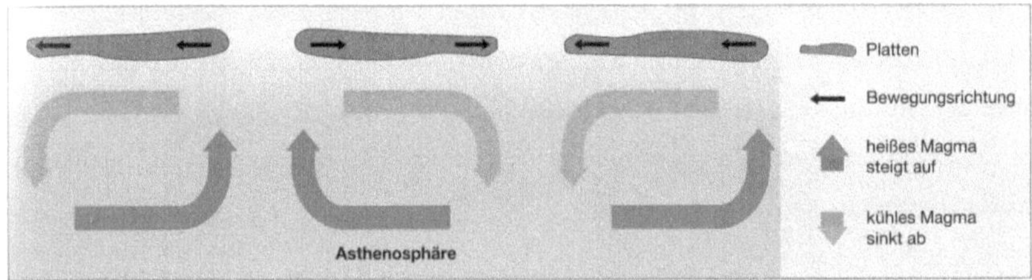

Abbildung 1: Modell der Konvektionsströme in der Asthenosphäre
(Quelle: DORSCH & RUPPRECHT 2008:41)

Die Konvektionsströme, die in Abbildung 1 durch die roten Pfeile dargestellt sind, befinden sich in der Asthenosphäre und werden als Antriebskräfte (Motor) der Plattenbewegung angesehen. Sie lassen sich auf einen Wärmeausgleich zwischen der warmen Asthenosphäre und der kalten Lithosphäre zurückführen. Durch diese Ausgleichsströmungen werden die einzelnen „Lithosphärenplatten relativ zueinander bewegt, ohne dass sich der Umfang der Erde dabei verändert" (ZEPP 2002:30).

4. Didaktische Analyse

Für das Verständnis der endogenen Prozesse ist, neben dem Schalenaufbau der Erde, die Theorie der Plattentektonik elementar. Erst durch das Verständnis dieser Theorie lassen sich die oberflächlichen Erscheinungsformen wie Gebirge, Grabenbrüche, Tiefseegräben und Inselbögen erklären und schlüssig herleiten. Somit bildet die heutige Stunde eine Basis für die folgenden Stunden. Dieser Tatsache wird im G8 Lehrplan auch Rechnung getragen (HKM 2005:13). Hier wird die Theorie der Plattentektonik im Rahmen von Simulationsexperimenten genannt. Somit wir der Arbeit mit Modellen und die Verwendung von Simulationsexperimenten ein hoher Stellwert eingeräumt (vgl. methodische Analyse).

Da neben dieser Handlungsorientierung auch die Realbegegnung zu den Grundpfeilern eines modernen Erdkundeunterrichts zählt, könnte im Rahmen einer Exkursion an den Oberrheingraben (Grabenbruch) die Schüler ihr erworbenes Wissen über die Plattentektonik vor Ort anwenden. Auch kann so ein Bezug zur Lebenswelt der Schüler konstruiert werden, da sie im Schnitt nicht mehr als 20 Kilometer entfernt vom Rheingraben leben. Auch die jüngsten Ereignisse im Südpazifik (Samoa) lassen sich durch die Theorie der Plattentektonik erklären (Gegenwartsbezug).

Die in dieser Stunde gewählte Vorgehensweise folgt den didaktischen Modellen der kritisch-konstruktiven Didaktik und kritisch-kommunikativen Didaktik nach KLAFKI (RINSCHEDE 2005:35ff). Kritisch soll die Theorie von ALFRED WEGENER hinterfragt und verifiziert werden. Im Rahmen des Experimentes sollen z.B. die Vorgänge in der Asthenosphäre durch die Schüler rekonstruiert werden. Alle Ergebnisse sollen schließlich kommuniziert werden um eine Aussage über den Wahrheitsgehalt der Theorie der Kontinentalverschiebung treffen zu können. An dieser Stelle ist die Einführung des Begriffs ‚Konvektionsströme' erforderlich, da mit diesem Begriff der „Motor der Plattentektonik" konzis beschrieben werden kann und die eingangs formulierte Frage beantwortet wird.

Als weiterführendes Problem kann zum Abschluss die Frage aufgeworfen werden „Wenn Platten auseinanderdriften, wird dann die Erde immer größer?" Dies würde als Cliffhanger zur Folgestunde am folgenden Tag dienen.

Die Binnendifferenzierung erfolgt nicht über den Inhalt der Sache sondern über die Art und Weise des Zugangs zur Sache (vgl. methodische Analyse).

Alternativ kann die Theorie der Plattentektonik mit in den Schalenaufbau der Erde integriert werden und in der Folgestunde direkt die verschiedenen Plattengrenzen mit ihren Auswirkungen auf den Menschen und die Natur bearbeitet werden. Dies hätte zwar den Vorteil einer stärkeren Handlungsorientierung (z.B. lassen sich Erdbeben oder Vulkanausbrüche vorhersagen?), jedoch sehe ich hier eine Überforderung der Schüler durch das sprunghafte Vorgehen. Deshalb habe ich mich für ein klein schrittigeres Vorgehen entschieden, um den Schülern durch eine differenzierte Aufbereitung der Sache eine thematische Durchdringung zu ermöglichen, da dies auch die Basis für die weiteren Stunden ist und von allen Schülern verstanden werden muss.

Ziel dieser Stunde ist es, dass die Schüler den Prozess der Konvektionsströme als Ursache für die Theorie der Kontinentalverschiebung erarbeiten, indem sie für sich geeignete Materialien (Lerntheke) auswerten und analysieren.

5. Methodische Analyse

Um eine hohe Selbstständigkeit der Schüler bei der Lösung des Problems zu ermöglichen, habe mich für eine Variante des Lernens an Stationen entschieden, die Lerntheke (MATTHES 2002:56). Im Gegensatz zum Lernen an Stationen gibt es bei der heutigen Lerntheke keine Pflicht- und Wahlstationen mit verschiedenen Inhalten. Vielmehr soll bei der heutigen Lerntheke der gleiche Inhalt auf differenzierte Art und Weise erschlossen werden, um so der Binnendifferenzierung gerecht zu werden. Auf diese Weise können die Schüler nach ihren individuellen Fähigkeiten und Fertigkeiten problemlösend arbeiten. Dabei wird an jeder Station ein anderer Kompetenzschwerpunkt gelegt.

Für leistungsstarke Schüler bietet sich Station I, „Probleme experimentell lösen" an. Hier werden mit Hilfe eines Modellexperimentes die Vorgänge in der Asthenosphäre simuliert. Gemäß der Verordnung über die Aufsicht über Schülerinnen und Schüler, Anlage 2; Punkt 3.3 (Fassung vom 20.12.2005) können die Schüler selbstständig experimentieren, da es sich bei der Kaliumpermanganatlösung um eine extrem verdünnte Lösung handelt. Dies fördert im hohen Maße die Selbstständigkeit der Schüler. Dennoch werde ich mich während der Experimentierphase in unmittelbarer Nähe aufhalten, um bei Bedarf unterstützend eingreifen zu können.

Eine weitere, stark handlungsorientierte Station stellt Station III „Probleme modellhaft lösen" dar. Hier sollen die Schüler mithilfe eines Modells das Auseinanderdriften der Kontinente Afrika und Südamerika simulieren und auswerten. Hilfestellung erhalten sie durch eine Beschreibung des Modells und vorgefertigte Fachbegriffskärtchen, die alle Elemente des Modells kennzeichnen und von den Schülern richtig zugeordnet werden müssen.

Station IV ist für Schüler geeignet, die bevorzugt über visuelle Reize arbeiten. Durch eine kurze Videoanimation ohne Ton wird den Schülern dargelegt, welche Dynamik in der Asthenosphäre herrscht. Es ist die Aufgabe der Schüler, diese Animation zu verbalisieren und die daraus gewonnenen Erkenntnisse zur Problemlösung zusammenzuführen. Da dieses Vorgehen der vorstrukturierten Wissenserarbeitung eine eher konsumtive Haltung der Schüler erfordert, richtet sich dieses Angebot an die eher leistungsschwächeren Schüler.

In Station II erhalten die Schüler die Möglichkeit, das Problem auf bekannte Art und Weise, mit Text und Abbildung, zu lösen. Die Schwierigkeit für die Schüler liegt hier in der geforderten Vorstellungskraft.

Um den Schülern eine problemlose Auswahl der Lernangebote zu ermöglichen werde ich die Angebote kurz vorstellen und das Anforderungsniveau transparent darlegen.

Ba es den Schülern frei gestellt ist, in welcher Sozialform sie arbeiten, ist darauf zu achten, dass pro Gruppe nicht mehr als fünf Schüler zusammenarbeiten, damit eine effektive Arbeit möglich ist.

Alternativ könnte die Problemlösung durch ein zentrales Modellexperiment erfolgen. Dies hätte zwar den Vorteil einer größeren Übersichtlichkeit für mich, würde aber dem Gedanken eines handlungs- und schülerorientierten Unterrichts entgegenlaufen. Auch würden viele Schüler eine passive, konsumierende Haltung einnehmen. Aus diesen Gründen habe ich mich gegen eine solche Vorgehensweise entschieden.

Der Einstieg in die heutige Stunde erfolgt durch ein kurzes Referat zur Person ALFRED WEGENER und seiner Theorie der Kontinentalverschiebung. Diese Form des informierenden Unterrichtseinstieges wird durch einen Schüler gestaltet. Somit wird hier zugunsten der Schülerorientierung von der üblichen Lehrerzentrierung abgewichen (vgl. MEYER 2006:136). Durch die sich anschließende Problematisierung wird der kognitiv einseitige Einstieg aufgebrochen und führt direkt zur Handlungsorientierung der Schüler. Sollte in dieser Phase der Problematisierung bereits erste Erklärungsversuche durch die Schüler kommen, muss ich die Schüler darauf aufmerksam machen, dass zuerst nur Vermutungen geäußert werden sollen und diese im Anschluss durch die Lerntheke verifiziert werden sollen.

Nachdem die Schüler ihre Ergebnisse aus der Lerntheke zur Lösung des Problems genutzt haben, soll noch einmal das Modell aus Station III, für alle sichtbar, durchgeführt werden (Sicherung). Jetzt sind jedoch die Schüler gefragt, die sich an der Lerntheke gegen das Modell entschieden haben. Hierdurch erhalte ich die Gelegenheit zu überprüfen, inwieweit die Schüler den Prozess der Konvektionsströme verstanden haben. Alternativ könnten die Schüler zur Sicherung auch einen Lückentext ausfüllen.

Betrachtet man die Theorie der Kontinentalverschiebung nun mit den erarbeiteten Erkenntnissen, so ergibt sich Frage nach einer unendlich wachsenden Erde (vgl. didaktische Analyse) und den Folgen der Kontinentalverschiebung für uns Menschen.

Als Hausaufgabe bietet es sich an, eine Recherche über endogen verursachte Naturkatastrophen durchzuführen. Durch die gemeinsame Verortung der Naturkatastrophen an einer Wandkarte können die Schüler zur Problematik der „unruhigen Erde" an den Plattengrenzen geführt werden.

6. Lernziele

Hauptlernziel: Die Schüler sollen den Prozess der Konvektionsströme als Ursache für die Theorie der Kontinentalverschiebung erarbeiten, indem sie für sich geeignete Materialien (Lerntheke) auswerten und analysieren.

Weitere Lernziele:

Fachliche Lernziele:

Die Schüler sollen...

- ... Hypothesen zum „Motor der Kontinentalverschiebung" bilden;
- ... die Konvektionsströme als Ursache der Kontinentalverschiebung identifizieren;
- ... durch Modelle, Texte & Abbildungen, Animationen und Experimente den Prozess der Konvektionsströme erarbeiten, verstehen und erklären können;
- ... die Theorie der Kontinentalverschiebung hinterfragen und erkennen, dass die Erde nicht immer größer wird.

Methodische Lernziele:

Die Schüler sollen...

- ... Modelle und Experimente zur Wissensgenerierung nutzen können;
- ... Hypothesen verifizieren und ggf. korrigieren können.

Sozial-affektive Lernziele:

Die Schüler sollen...

- ... kooperativ arbeiten;
- … sich selbst den Anforderungsniveaus der Lerntheke zuordnen können.

7. Stundenverlaufsplan

Phase	Ziel/Inhalt	Methode	Material
Einstieg	▪ Wer war Alfred Wegener?	▪ SV	▪ physische Weltkarte
Problematisierung	▪ Was ist der „Motor" für das Auseinanderdriften der afrikanischen und südamerikanischen Platte?	▪ UG	▪ Tafel
Erarbeitung I	▪ Schüler erarbeiten mit den Materialien an einer der vier verschiedenen und selbstgewählten Stationen die Ursache für die Plattenbewegung. o I – Probleme experimentell lösen o II – Probleme analytisch lösen o III – Probleme modellhaft lösen o IV – Probleme visuell lösen	▪ Lerntheke	▪ Stationskarten ▪ Arbeitsblätter ▪ Aufgabenblätter ▪ 2 Laptops Modell: ▪ Handtücher ▪ Plakat ▪ Fachbegriffskärtchen ▪ Kontinente Experiment: ▪ Becherglas ▪ Kaliumpermanganat ▪ Heizplatte ▪ Spatel
Problemlösung	▪ Schüler legen ihre Ergebnisse aus der Erarbeitungsphase dar und lösen das eingangs formulierte Problem. o Einführen und definieren des Begriffs „Konvektionsströme"	▪ UG	
Minimalziel (inkl. Hausaufgabe)			
Sicherung	▪ Modell wird nun von den Schülern, die Station I, II, und IV gewählt haben, beschrieben	▪ Modell	▪ Handtücher ▪ Plakat ▪ Fachbegriffskärtchen ▪ Kontinente
Ausblick	▪ Wenn Platten auseinanderdriften, wird dann die Erde immer größer? ▪ Welche Auswirkungen hat die Kontinentalverschiebung auf uns Menschen?	▪ UG	
Maximalziel (inkl. Hausaufgabe)			

SV = Schülervortrag, UG = Unterrichtsgespräch,

8. Literatur

AHNERT, F, (1999): Einführung in die Geomorphologie. Stuttgart.

CASPARITZ, C. & F. PAULY (2008): Diercke Erdkunde. Hessen Gymnasium. 8G. Braunschweig.

DORSCH, V. & H. RUPPRECHT (2008): Seydlitz – Geographie 2. Gymnasium Hessen G8. Braunschweig.

HESSISCHES KULTUSMINISTERIUM (2005): Lehrplan Erdkunde. Gymnasialer Bildungsgang, Jahrgangsstufen 5G bis 12G.

MEYER, H. (2006): Unterrichtsmethoden II: Praxisband. Berlin.

MATTES, W. (2002): Methoden für den Unterricht. 75 kompakte Übersichten für Lehrenden und Lernende. Braunschweig.

RINSCHEDE, G. (2005): Geographiedidaktik. Paderborn.

ZEPP, H. (2002): Geomorphologie. Paderborn.

Station I

Probleme experimentell lösen

Schwierigkeit: + + + +

<u>Aufgabenblatt - Probleme experimentell lösen</u>

Mit Hilfe dieses Experiments könnt ihr dem Motor der Kontinentalverschiebung auf die Spur kommen.

Vor der Durchführung des Experimentes

1. Vergleicht zunächst den Aufbau des Experiments mit dem Schalenbau der Erde. Welche Gemeinsamkeiten könnt ihr erkennen? Abbildung 1 auf dem Arbeitsblatt hilft euch dabei.
2. Stellt Hypothesen auf, was während des Experimentes passieren wird! Notiert diese auf eurem Arbeitsblatt.
3. Führt das Experiment vorsichtig durch. Anleitung unten zuerst lesen.

Achtung: Die Kaliumpermanganatlösung ist stark färbend und leicht ätzend.

Experiment:

Material: ein Glas zu 2/3 mit Wasser gefüllt, Heizplatte, ein Spatel, Kaliumpermanganat, Schutzbrille

Durchführung:

Stellt das Glas mit Wasser auf die Heizplatte.

I. Wartet, bis sich das Wasser im Glas beruhigt hat.
II. Last einen **<u>kleinen</u>** Kristall Kaliumpermanganat mit dem Spatel in die **<u>Mitte</u>** des Glases fallen.
III. Streut in die Mitte des Glases einige Styroporkügelchen.
IV. Wartet circa eine Minute, bis sich der Kristall langsam auflöst. (Ein lila Fleck um den Kristall muss deutlich zu erkennen sein.)
V. Schaltet die Heizplatte ein und regelt die Temperatur auf zirka 75°C.
VI. Beobachtet nun genau was passiert und protokolliert dies auf euer Arbeitsblatt.

Nach der Durchführung des Experimentes

4. Wertet das Experiment aus und überprüft eure Hypothesen. (Was war zu beobachten)
5. Übertragt eure Erkenntnisse in die Realität und beantwortet für euch die Eingangs formulierte Frage. (Schlussfolgerung).

Arbeitsblatt Station I

Abbildung 1: Beschrifte die Pfeile um einen Vergleich zwischen Schalenaufbau der Erde und dem Versuchsaufbau herzustellen.

(Quelle: eigene Darstellung)

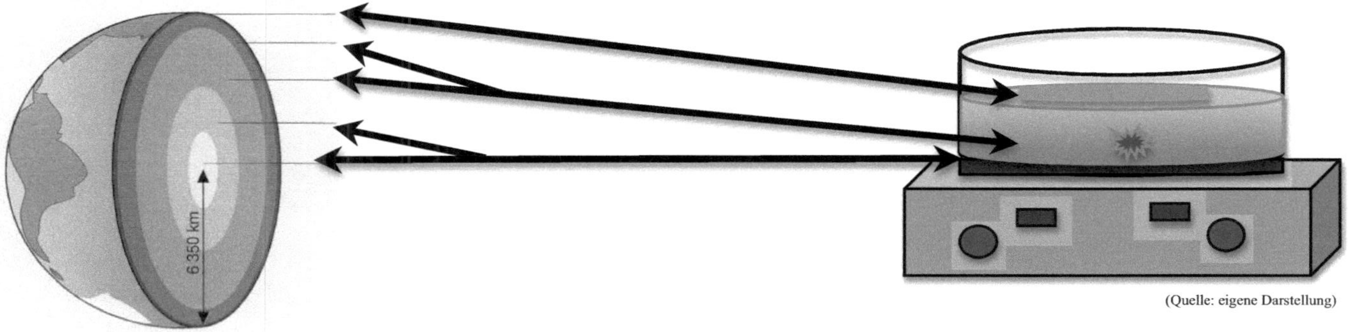

Hypothesen:

Beobachtung:

Schlussfolgerung:

Station II

Probleme analytisch lösen

Schwierigkeit: + +

<u>Aufgabenblatt - Probleme analytisch lösen</u>

Mit Hilfe eines Textes und Abbildungen sollt ihr dem Motor der Kontinentalverschiebung auf die Spur kommen.

<u>Zu dieser Station gehören</u>: pro Schüler ein Arbeitsblatt mit Text

Aufgaben:
1. Lest den Text aufmerksam durch.
2. Unterstreicht die wichtigsten Aussagen in dem Text.
3. Fertigt eine Skizze zum Prozess der Kontinentalverschiebung auf eurem Arbeitsblatt an.
4. Besprecht in eurer Gruppe/mit deinem Partner, was der Motor der Kontinentalverschiebung ist und notiert ihn mit euren eigenen Worten.

<u>Arbeitsblatt Station II</u>

Kaum vorstellbar

Mit der Erforschung der Ozeane und Meeresböden seit 1940 lebte die Idee der Kontinentaldrift Wegeners wieder auf. Bei der Vermessung der Ozeanböden machten die Wissenschaftler eine unglaubliche Entdeckung: Ein über 65000 km langes und bis zu 4000km breites Gebirgssystem (Rift Valley) durchzieht alle Ozeane. Bizarr geformte Gipfel, zerklüftete Felswände und tiefe Täler prägen es. Im Vergleich dazu scheint jeder kontinentale Gebirgszug winzig. An einigen Stellen dieses Mittelozeanischen Rückens ragen die Gipfel sogar als Inseln über den Meeresboden auf. Ein Beispiel dafür ist Island.

Bodenproben aus den Meeresgebieten brachten noch ein weiteres überraschendes Ergebnis: Je weiter man sich an beiden Seiten vom Mittelozeanischen Rücken entfernt, desto älter wird das Gestein.

Plattentektonik – das Bild der Erde verändert sich

Auf der Suche nach den Ursachen der Meeresbodenausbreitung gelang es den Geowissenschaftlern auch, die Theorie Alfred Wegeners zur Theorie der Plattentektonik weiterzuentwickeln. Sie kamen dabei zu folgenden Ergebnissen: Die starre Erdkruste, die mit den festen Teilen des oberen Erdmantels die Gesteinshülle (Lithosphäre) bildet, ist keine feste Schale in einem Stück. Sie gliedert sich in sieben große und mehrere kleine Platten.

Die größeren davon sind nach den Kontinenten benannt (Ausnahme: Pazifische Platte), jedoch decken sich die Plattengrenzen nicht mit den Umrissen der Kontinente. Auf einer Platte liegen gleichermaßen Teile von Kontinenten und Ozeanen.

Alle Platten verhalten sich wie starre Körper ohne eigene Antriebskraft. Und dennoch driften sie auf der zähflüssigen Schicht des oberen Erdmantels entweder aufeinander zu, voneinander weg oder aneinander vorbei.

Hohe Temperaturen und gewaltiger Druck bringen die Gesteinsschmelze in den Tiefen des Erdmantels in Bewegung. Magma wird in Konvektionsströmen nach oben transportiert, kühlt ab und sinkt wieder in die Tiefe ab. Diese Strömungen schleppen die aufliegenden Platten mit.

Quelle: CASPARITZ, C. & F. PAULY (2008): Diercke Erdkunde. Hessen Gymnasium. 8G. Braunschweig. (S.14f).

Skizze:

Schlussfolgerung (Beantwortung der Problemfrage):

Station III

Probleme modellhaft lösen

Schwierigkeit:　+ + +

Aufgabenblatt - Probleme modellhaft lösen

Mit Hilfe eines Modells sollt ihr dem Motor der Kontinentalverschiebung auf die Spur kommen.

Zu dieser Station gehören: zwei Handtücher, ein Plakat, Kontinente Afrika und Südamerika, Fachbegriffskärtchen, pro Schüler ein Arbeitsblatt

Aufgaben:
1. Lest den Text genau durch.
2. Baut mit Hilfe der Materialien ein Modell zur Plattentektonik nach.
3. Beschriftet das Modell mit Hilfe der Fachbegriffskärtchen.
4. Stellt mit Hilfe des Modells den Prozess der Plattenbewegung nach.
5. Fertigt von dem Modell eine Skizze auf eurem Arbeitsblatt an und beschriftet sie korrekt.
6. Sichert eure Ergebnisse auf dem Arbeitsblatt.

Arbeitsblatt Station III

Anleitung zum Modell:

Alle Platten (Handtücher mit Kontinenten) verhalten sich wie starre Körper ohne eigene Antriebskraft. Und dennoch driften sie auf der zähflüssigen Schicht des oberen Erdmantels (zwei Tische) entweder aufeinander zu, voneinander weg oder aneinander vorbei.

Hohe Temperaturen und gewaltiger Druck bringen die Gesteinsschmelze in den Tiefen des Erdmantels in Bewegung (Plakat). Magma wird in Konvektionsströmen nach oben transportiert (rote Pfeile), kühlt ab und sinkt wieder in die Tiefe ab. Diese Strömungen schleppen die aufliegenden Platten (Handtücher mit Kontinenten) mit.

Quelle: CASPARITZ, C. & F. PAULY (2008): Diercke Erdkunde. Hessen Gymnasium. 8G. Braunschweig. (S.14f).

Skizze:

Schlussfolgerung (Beantwortung der Problemfrage):

9.4: Materialien Station IV:

Station IV

Probleme visuell lösen

Schwierigkeit: +

<u>Aufgabenblatt - Probleme visuell lösen</u>

Mit Hilfe dieser Animation sollt ihr dem Motor der Kontinentalverschiebung auf die Spur kommen.

<u>Zu dieser Station gehören:</u> ein Laptop, pro Schüler ein Arbeitsblatt

Aufgaben:

1. Schaut euch die kurze Videoanimation genau an.
2. Beschreibt genau, was ihr beobachtet.

   Folgende Fragen können euch helfen:

   - Was wird abgebildet?
   - In welcher Schicht der Erde findet der animierte Prozess statt?
   - Aus welchen Bestandteilen bestehen die abgebildeten Schichten?
   - In welchem Verhältnis stehen die dargestellten Prozesse zueinander?

3. Startet die Animation neu, wenn ihr mehr Informationen benötigt.
4. Schreibt eure Beobachtung auf das Arbeitsblatt und fertigt eine Skizze des beobachteten Prozesses an.

Arbeitsblatt Station IV

Skizze:

Schlussfolgerung (Beantwortung der Problemfrage):